AF312299

DE LA RÉPARATION

DES

VIEILLES RELIURES

DE LA RÉPARATION

VIEILLES RELIURES

COMPLÉMENT DE L'ESSAI SUR L'ART DE RESTAURER
LES ESTAMPES ET LES LIVRES

SUIVI D'UNE DISSERTATION

sur les

MOYENS D'OBTENIR DES DUPLICATA DE MANUSCRITS

PARIS

Passage de l'Opéra, 21   Rue Dauphine, 18

1858

DE LA RÉPARATION

DES

VIEILLES RELIURES

M. Raymond Bordeaux, dans un article fort obligeant sur la seconde édition de mon *Essai sur l'art de restaurer les estampes et les livres, etc.*, article inséré dans le *Bulletin du Bouquiniste* du 1er juin, exprime le regret de n'y avoir rien trouvé « sur l'art de réparer, de « consolider les maroquins armoriés ou les « vélins luisants des reliures d'autrefois, sur la « marche à suivre pour décrasser, pour ravi-« ver les dorures posées au petit fer sur les « veaux fauves du bon vieux temps ». J'au-rais, en effet, dû songer à consacrer quelques alinéas à ce sujet, puisque j'ai tenté plusieurs fois, avec un demi-succès, des réparations de ce genre. Je vais essayer ici de combler cette lacune.

Si j'ai négligé de décrire les opérations relatives à l'amincissement, à l'application et à la décoration des peaux, c'est par une excellente raison : je n'ai jamais étudié ni pratiqué la reliure sous ce point de vue. Ne possédant pas le secret, le certain *tour de main* qui produit les reliures souples, fashionables, artistiques, je me suis borné à conseiller aux amateurs qui désirent voir leurs livres revêtus de ces manteaux princiers, de recourir à nos habiles relieurs parisiens, dont le nombre doit égaler au moins celui des apôtres ; mais je puis donner, d'après ma propre expérience, quelques bons conseils aux amateurs sur la manière de nettoyer, réparer et rafraîchir les bouquins vulgaires, et aussi, sous certaines conditions, ces somptueux maroquins du Levant, dont le seul *fumet* a la vertu d'émouvoir les bibliophiles pur-sang.

Nettoyage de la couverture. — Il est permis, sans être obligé de toucher au cartonnage d'un livre, d'en nettoyer et d'en con-

solider la couverture, soit dans son ensemble,
soit sur tel ou tel point. Je connais, pour at-
teindre ce but, quelques moyens simples et
praticables, mais assurément trop imparfaits
pour rendre à une précieuse reliure tout l'éclat,
toute la vigueur de la jeunesse. Une prima
donna un peu mûre peut, dans certaines limites,
pallier les outrages du temps ; mais, vues de
trop près, les rides de son visage ne sauraient
se dissimuler : ainsi des vieilles reliures coquettes dont il va être question.

Le maroquin ou le veau encrassé par un
maniement souvent répété se nettoie à l'aide
d'une éponge fine, trempée dans une gelée de
savon blanc ; mais s'il existait des taches d'huile
ou de graisse, ce savon ne serait pas assez
énergique ; il faudrait avoir recours au savon
noir, ou plutôt à une dissolution faible d'un alcali quelconque, potasse, ammoniaque, etc. Il
serait bon d'essayer préalablement l'effet de
cette eau alcaline sur un fragment de peau de
même nuance, ou sur un point peu apparent
du volume : car certaines couleurs, communi-
quées aux cuirs, sont susceptibles de se dé-
composer ou de changer de teinte sous l'action

d'un alcali. Il est à observer que les alcalis noircissent plus ou moins les cuirs ; aussi, après leur emploi, on y passera un peu d'eau acidulée, qui annulera cet effet. On notera, en outre, qu'il faut humecter fort peu le maroquin, sinon l'on détruirait le grain de sa superficie.

On pourra commencer par essayer de la benzine ; cette huile essentielle n'attaque aucune couleur, à moins que cette couleur n'ait pour principe une substance grasse ou résineuse. Elle n'agit pas à la manière des alcalis ; elle ne *saponifie* pas les corps gras, mais elle les dissout comme l'eau dissout un sel, de la gomme, de la gélatine, etc. On la fera agir vivement, vu qu'elle s'évapore avec beaucoup plus de rapidité que l'ammoniaque, alcali dit spécialement *volatil*. Ce dernier liquide se mêle à l'eau, mais la benzine ne peut être étendue que d'alcool.

La benzine donc, comme toute autre huile essentielle, n'opérant qu'en qualité de dissolvant, il faut, après l'avoir appliquée, pure ou mêlée d'alcool, sur la couverture d'un livre, et avant sa vaporisation, l'essuyer avec un linge fin, autrement les molécules de nature grasse qu'elle a dissoutes, mais non décomposées, ne feraient que pénétrer plus avant sous l'épiderme du cuir pour reparaître plus tard à la surface. Le mieux serait, après avoir versé quelques gouttes du liquide sur une des faces du livre, de tourner cette face du côté du sol. Dans cette position la benzine, chargée d'une portion de la substance grasse, tombe et s'accumule sur la fleur du cuir; c'est alors qu'on l'essuie vivement, et qu'avec elle on entraîne la matière qu'elle tient en dissolution. On renouvelle au besoin l'opération plusieurs fois.

Cette manière d'employer les dissolvants des corps gras est également applicable à l'enlèvement, sur les estampes, des taches huileuses à l'aide de la benzine, de l'alcool, de la térébenthine, etc.; je recommanderai donc au lecteur d'en prendre note. Quand on dégraisse avec de l'eau alcaline, il est inutile de procéder de cette manière : on n'a qu'à enlever à l'éponge humide le savon qui s'est formé sur la surface du cuir; ensuite on laisse sécher le volume à l'air, puis on le met en presse.

Pour les taches d'huile *récentes* on peut aussi

recourir aux poudres impalpables, de nature argileuse, absorbante et légèrement alcaline. On vient de m'en signaler une *nouvelle* (du moins quant au nom). M. Massignon, pharmacien, rue Saint-Honoré, l'a baptisée : « Poudre *margarivore*, servant à détacher les étoffes les plus *susceptibles*. »

Une tache d'encre noire ordinaire (gallate de fer), qui souille une peau quelconque, maroquin, mouton maroquiné, veau, basane ou parchemin lisse, perd sa teinte noire au contact de quelques gouttes d'une solution de sel d'oseille ou d'acide oxalique ; mais je renouvellerai ici le conseil déjà donné : ces substances pouvant altérer certaines couleurs, il est bon de pratiquer d'abord *in anima vili*. Si la nuance pâlit ou change un peu, il serait, je pense, assez facile de la raviver, de la raccorder, avec de simples couleurs à l'usage de l'aquarelle, après avoir annulé par un alcali les traces de l'acide oxalique.

La tache jaunâtre qui survit à la disparition du noir de l'encre est, pour ainsi dire, nulle sur les peaux de couleur brune ou fauve, mais sur du vélin très blanc, par exemple, elle resterait apparente ; comment l'en débarrasser ? Si l'on est obligé de prolonger sur l'oxyde de fer, qui en est la base, l'action de l'acide oxalique, maintenu chaud, cette portion du parchemin non-seulement perdra son éclat, mais courra le risque d'une désorganisation immédiate ou ultérieure (1).

Quant aux taches d'encre de Chine, anciennes ou récentes, qui auraient pénétré le tissu, quel qu'il soit, de la couverture d'un livre, elles résisteraient à tous les agents connus.

Pour faire disparaitre les diverses couleurs qui font tache sur les différentes peaux usitées dans la reliure, on aura recours, avec circonspection et après avoir essayé d'en bien reconnaitre la nature, aux procédés de décoloriage indiqués pour les estampes. Il se rencontrera, sans doute, plus d'un inconvénient que n'offre pas le papier ; mais, d'autre part, on n'aura pas ici à se préoccuper du souci de ménager l'encre d'impression. Quant aux couleurs indestructibles, comme le bleu de cobalt, on ne

----

(1) Voyez, au sujet des taches d'oxyde de fer, la Note imprimée à la suite du présent chapitre.

réussirait pas mieux que sur le papier à les faire disparaître. Passons maintenant aux réparations purement chirurgicales.

La plupart des bouquins, ceux surtout exposés longtemps sur les parapets de nos quais, ont été tantôt rissolés par un ardent soleil, tantôt distendus par une atmosphère humide ; ils ont contracté des infirmités, des *maladies de peau* plus ou moins curables, selon la durée de l'épreuve. Le régime plus doux d'une bibliothèque, placée dans une chambre où la température est à peu près toujours égale, suffit quelquefois à rétablir leurs couvertures déjetées ; mais lorsque la superficie du cuir tombe en écailles, entraînant la dorure, il faut, s'ils en sont dignes, leur faire faire peau neuve, les livrer de nouveau au relieur, supposé que le papier, l'organe essentiel de leur existence, ne soit pas moisi sans remède ; sinon c'est un livre perdu, ou, du moins, incapable de faire les délices d'un bibliophile ; il ressemble à certains vieillards atteints d'infirmités inguérissables : il n'est plus bon qu'à consulter.

Il en est qui, placés dans des conditions

moins rudes, ont seulement l'épiderme çà et là écorché par le contact soit de rustiques voisins munis de têtes de clous ou de fermoirs, soit de planches raboteuses, soit enfin de ces paniers d'osier à l'aide desquels les entrepreneurs de déménagements gâtent en une journée une bibliothèque entière. Celle du Louvre, soit dit en passant, était, au printemps dernier, en train de s'installer dans un nouveau local, au moyen de ces paniers, si redoutables, en dépit du foin ou de l'étoupe dont on les tapisse à l'intérieur. Une partie de mes livres ont passé plusieurs fois par cette fatale épreuve et ils s'en sont fort mal trouvés. Aujourd'hui, quand je déménage (la précaution est un peu tardive), je fais usage de boîtes bien rabotées à l'intérieur.

Pour les bouquins légèrement dépolis, *défleuris* par le simple frottement, il est un palliatif propre à leur rendre un certain degré de fraîcheur et un aspect plus décent, qui dissimule jusqu'à un certain point la râpure de leur vieil habit. On étale sur leur surface, à l'aide d'un vieux gant, de la colle de peau ou d'amidon (cette dernière assez épaisse) à la-

quelle on peut ajouter un peu d'alun. On en
barbouille vivement le dos, les plats et les profils du carton ; puis, avec un linge fin, on enlève le gros de la colle. On entraîne en même
temps et la couche de poussière et aussi plus
d'une souillure que l'eau a ramollie (1) Il
restera sur le volume, après cette opération,
une très mince couche de gélatine ou de glu-
ten (partie visqueuse de l'amidon) ; avant
qu'elle soit tout à fait sèche, on y passera la
paume de la main sur tous les points. Les portions défleuries du cuir, qui avaient l'aspect
mat de l'amadou, reprennent une teinte brune
quelquefois même un peu trop prononcée. S'il
y avait à la superficie de légères excoriations,
leurs dentelures bavochées, grâce à cet encol-
lage, se trouvent réunies au corps de la peau,
dont l'épiderme redevient lisse, sinon brillant,

---

(1) Certaines reliures du XVIe siècle ont sur les plats
des ornements de diverses nuances, formées par de
simples couleurs à l'eau. En ce cas, il faudrait ou
s'abstenir d'y passer de la colle, ou conserver un dessin exact de ces fugitifs ornements, afin de les rétablir
après l'opération.

Les coins, qui, presque toujours, sont très usés ou même crevassés, se seront raffermis. En un mot, si l'habit ne peut passer pour neuf, il sera du moins plus présentable et contrastera d'une manière moins choquante avec les livres fashionables placés sur le même rayon.

Après ce débarbouillage à l'amidon, il arrive, comme aussi après le décrassement par les alcalis, que la couverture du bouquin est devenue terne. On réussit à lui rendre son brillant (supposé que la fleur ne soit pas enlevée), en le frottant avec un morceau de flanelle imprégné de quelques gouttes du vernis, très siccatif, dit des relieurs, vernis qu'on trouve à Paris chez des marchands dont les noms figurent à la fin de l'article *Relieurs*, dans l'*Annuaire du Commerce*.

La plupart des amateurs et des bouquinistes de la capitale connaissent ce moyen peu dispendieux de rendre un certain lustre aux vieilles reliures fanées et dartreuses (qu'on me passe l'expression). Si j'en ai parlé si longuement, c'est surtout pour les amateurs encore novices ou confinés dans une petite ville de

province. Comme ces derniers, c'est probable,
ne sauraient où se procurer le susdit vernis,
je leur communiquerai la recette de M. F.
Mairet, qui indique les proportions des ingrédients pour une grande quantité ; mais on
est libre de les réduire au dixième. « On fait
« dissoudre (dit-il au 39ᵉ article de son *Essai*
« *sur la Reliure*) dans 3 litres d'esprit de
« vin de 36 à 40 degrés : —Sandaraque, 8 on-
« ces. — Mastic en larmes, 2. — Gomme laque
« en tablette, 8. —Térébenthine de Venise, 2. »
Il ajoute : « On concasse les gommes et on opère
« leur dissolution en mettant tremper la bou-
« teille qui contient toutes les matières, dans
« de l'eau très chaude et en la retirant de
« temps en temps pour l'agiter. On conserve
« ce vernis dans la bouteille où il a été fait,
« la tenant bien bouchée. Quand on veut se
« servir du vernis, on a soin de ne pas le re-
« muer, à cause du dépôt. »

Je ferai ici une recommandation analogue à
celle de M. Le Normand : il vaut mieux placer
d'avance la fiole de verre dans le vase conte-
nant l'eau du bain-marie, avant que cette eau

bouille, sinon l'on risquerait de briser sa fiole ; au lieu de l'agiter, on remuera la mixture avec une tige de verre.

Voici comment M. Mairet s'explique au sujet de l'emploi de son vernis : « On pose avec « un pinceau très doux une couche de vernis « sur le dos du livre, sans en mettre sur la « dorure. Quand le vernis est presque sec, on « le polit avec un morceau de drap blanc lé- « gèrement imbibé d'huile d'olive ; on frotte « d'abord doucement et ensuite plus fort à me- « sure que le vernis sèche... Pour réussir, il « faut absolument que le volume soit parfaite- « ment sec et sans la moindre humidité. »

A défaut de ce vernis, on donnerait au bouquin un certain brillant, moins solide il est vrai, en le frottant avec le liquide qui sert à *glairer;* il se compose de blanc d'œuf (albumine) délayé avec un peu d'eau et additionné d'un peu d'alcool ; le tout bien battu. On pourrait encore essayer d'un glacis à la colle de peau ou à la gomme arabique.

On rend le lustre au vélin blanc et au veau (hors pourtant aux endroits par trop défleuris par l'usure), en les frottant avec un polissoir d'agate, une dent de loup, ou un fer d'une forme cambrée et chauffé convenablement. Quelquefois, avant de polir, on passe sur la peau, selon M. Le Normand, de la flanelle très légèrement imprégnée de suif ou d'huile de noix. Il faudrait bien se garder de repolir le maroquin, vrai ou imité, car on en écraserait les grains ou les rides qui en sont la beauté. Même observation à l'égard de la basane, peau à fleur tendre, qui risquerait d'être écorchée. Pour lustrer ces sortes de cuirs, on se servira du vernis des relieurs ou, au pis aller, du vernis à l'albumine que j'ai signalé ci-dessus.

RÉPARATIONS DES LACUNES, ÉCORCHURES, etc. — Passons au traitement de plaies sérieuses, qui s'étendent bien au delà de la superficie de l'épiderme. On voit souvent des couvertures en veau, basane ou maroquin, çà et là profondément écorchées ou même percées de trous comme les manteaux de Diogène et de Ruy-Blas ; le dos, les charnières et les coins, ceux du bas notamment, laissent paraître à nu la pâte du carton ; c'est un état de cynisme qui réclame au moins quelques palliatifs ; le simple barbouillage à l'amidon est impuissant à guérir de pareilles blessures.

On essayera de réparer les lacunes à l'aide de fragments de peaux de même nature et de nuance identique. Je supposerai d'abord que l'amateur possède des débris de maroquin, de veau fauve, de vieux vélins, etc., dépouilles de livres infortunés dont le texte, à tort ou à bon droit, a été voué aux usages les plus humiliants. On cherchera parmi ces lambeaux une pièce convenable : quelquefois on trouve. Le point essentiel, c'est d'assortir le grain de la peau. Quand la nuance est trop claire, on la raccorde plus ou moins aisément avec des couleurs pour l'aquarelle ; mais si elle est trop foncée, il faut chercher encore. On parvient à éclaircir un peu le veau d'une teinte trop brune à l'aide d'un acide affaibli.

Supposons le morceau trouvé : avec un peu d'adresse et de patience on réussira à combler une lacune par des procédés analogues à ceux indiqués pour les raccords du même genre, pratiqués sur une estampe. On donne à la lacune une forme nette, bien arrêtée, et on la comble avec une pièce de dimension identique. Si l'on n'a pas le temps de se livrer à ce travail de mosaïque de rapport, on se contentera de soulever, avec une lame souple, les bords de la peau qui forment le contour de la lacune ; on appliquera de la colle épaissie ou de la gomme sur le carton mis à découvert ; on glissera la pièce, amincie surtout vers les bords, puis on rabattra par-dessus les bavochures de l'orifice du trou, après les avoir très légèrement imprégnées d'une colle peu fluide, sinon cette colle ferait tache. Mais une pièce ainsi mise sera plus désagréable à l'œil que celle rapportée par le premier procédé, car à cet endroit il y aura toujours une sorte de bourrelet qui accusera la forme du trou.

Parlons maintenant de la réparation de ces excoriations plus ou moins profondes, produites par le brutal contact d'un corps dur, anguleux ou raboteux.

Quand les portions effiloquées du cuir sont au complet, on les redresse, puis on les rabat sur la cavité de l'écorchure après les avoir enduites légèrement de colle d'amidon épaisse. Mais si les dentelures correspondantes au vide sont absentes, comment niveler ces sortes de sillons qui offrent l'apparence de l'amadou? Avec une pièce rapportée, incrustée dans la fissure? C'est une opération, je crois, difficile à pratiquer, et il en coûterait moins à convertir l'écorchure en une lacune bien nette, que l'on boucherait comme je l'ai dit ci-dessus. Tâchons d'imaginer une sorte de mastic.

Je ne suis pas au courant des procédés mis en œuvre pour la fabrication du cuir bouilli, mais il me semble qu'une pâte formée de limaille de cuir, qu'on ferait bouillir avec de la colle de peau, remplirait assez bien notre but. On en comblerait le sillon de l'écorchure, puis, quand elle serait sèche, on raserait l'excédant au niveau de la surface générale, et l'on passerait le brunissoir.

Ce moyen m'est venu tout en causant avec vous, mais en voici un autre que j'ai mis en pratique, bien qu'assez grossier. J'ai un jour employé la susdite colle mêlée tout simplement avec du blanc d'Espagne. Mon livre pouvait être assimilé à un tableau mastiqué, qui attend des retouches. J'ai réussi même, avec cette pâte, à imiter le grain du maroquin. Je raccordais les teintes avec des couleurs à la gomme (1). Mais cette sorte de replâtrage n'est applicable qu'à un endroit du plat assez rapproché du centre ; dans le voisinage de la charnière, ce mastic sans souplesse s'écaillerait et se détacherait, ou, du moins, rendrait plus difficile l'ouverture du livre.

J'ai songé aussi à tirer parti du gutta-percha (2). Cette matière, de couleur fauve, a la propriété, à une certaine température (vers 70 degrés), de se ramollir et d'adhérer au cuir, puis de reprendre à froid son état naturel, qui est une demi-élasticité ; mais, après avoir été fondue par l'approche d'un fer chaud, ou mieux encore (si l'état du temps le permet) à l'aide d'une loupe exposée au soleil, elle brunit beaucoup, et sa teinte ne s'harmoniserait

---

(1) Si l'on souhaitait raccorder artistement des veaux marbrés, jaspés, etc., ou certaines nuances particulières, on consulterait les principaux ouvrages sur la reliure, qui indiquent les procédés usités pour apprêter ainsi les couvertures.

(2) Dans le commerce on dit : *la* gutta-percha. Mais M. Bouchardat et plusieurs autres savants chimistes donnent à cette matière le genre masculin ; j'ai cru devoir suivre leur orthographe.

bien qu'avec celle d'un veau brun très foncé;
je n'ai trouvé aucun moyen pour l'éclaircir.

Je signalerai encore une autre expérience à
tenter. On connaît la souplesse de la pâte des
toiles cirées; il en existe de toutes nuances.
En se mettant au courant de ce genre de fabrication, on composerait peut-être un mastic
convenable; mais je dois ajouter qu'avec ces
sortes de matières, il ne serait permis de raccorder les dorures qu'à froid.

Parlons de la réparation, du rapiècement
de la couverture, à l'endroit même où elle fait
l'office de charnière. C'est une opération qui
n'est praticable qu'à la condition de trouver un
tissu à la fois très mince et très souple. J'ai
réussi à consolider cette partie d'un volume
par l'emploi d'une bande de baudruche, glissée
entre le dos et le plat, et fixée, d'une part, sur
le bord du plat, d'autre part, sur le carton de
l'endossage. Je donnais ensuite à la baudruche
une teinte analogue à celle de la couverture.
La déchirure restait visible; seulement, j'avais
remédié à la solution de continuité: le livre
s'ouvrait et se fermait.

Réussirait-on mieux par l'usage d'une mince

feuille de caoutchouc? Je n'ai pas essayé ; mais ce tissu, je crois, ne s'obtient en couches très minces que par un étirement exagéré de cette matière, qui tarde peu à perdre sa qualité essentielle : son élasticité. Peut-être raccorderait-on sans inconvénient (sur un veau très brun) les déchirures de la charnière avec des fragments de gutta-percha liquéfiés par les moyens indiqués plus haut.

J'ai quelquefois rétabli des coins de volume avec plus ou moins de succès. En cas d'avaries peu graves, voici comment je m'y prenais : après avoir décollé, à l'intérieur du plat, le feuillet de garde, soit à sec soit à l'aide de l'humidité, je repoussais à une certaine distance la peau endommagée ; je collais sur le carton un fragment de peau de même nature et de même nuance ; je rabattais les bavures et façonnais le nouveau coin à l'état humide ; puis, après avoir replacé les bords de la garde, je raccordais la couleur.

Quand la peau qui garnit le coin est par trop délabrée, on rapporte un coin entier qu'on taille en forme de triangle et que l'on colle de niveau avec le cuir du plat, tronqué net au

canif. Si la pointe de carton est toute *feuille-
tée*, on lui rend de la rigidité au moyen de
colle de pâte ou de peau, dont on l'imprègne
et qu'on laisse bien sécher. On peut ajouter un
peu de blanc d'Espagne à la colle pour lui
donner plus de consistance.

Mais, lorsque l'angle du carton est tout à fait
arrondi, émoussé, écharpé par l'usure, on
doit prendre le parti de le renouveler, en in-
corporant au plat un coin tout neuf. Pour l'y
souder solidement, on dédouble de moitié, au
canif, d'une part, le bord du plat, tronqué à
cet endroit, d'autre part, la base du triangle
qu'on y joint, de manière que ces deux espèces
d'entailles se superposent, s'enchâssent avec
précision. Ici on fait usage de la colle forte. Ce
travail n'est pas difficile, mais les apprêts
exigent du temps et de la patience, car il faut
soulever le cuir et la garde sur une assez
grande surface, puis tout replacer. Si l'on ne se
sent pas assez doué de cette dernière qualité,
on renoncera à cette entreprise et on la confiera
à un relieur; autrement on ne ferait rien de
solide et l'on endommagerait son volume au
lieu de le restaurer.

Réparation des tranches. — Pour ôter sur les tranches d'un livre une tache d'encre ou une flaque de couleur quelconque, on essayera des substances chimiques indiquées pour l'enlèvement sur le papier de ces mêmes souillures. Toutefois, il faut ici faire une distinction : on n'a pas affaire à une surface formée d'un seul jet de pâte de papier, mais à une réunion de profils de feuillets rangés en piles. Si l'on négligeait de mettre en presse la tranche à nettoyer, le liquide, pénétrant à travers les interstices, maculerait un certain nombre de pages. Si pourtant l'encre elle-même s'était infiltrée assez avant sur les plats des feuillets, il vaudrait peut-être mieux que le liquide dissolvant suivît la même route. Dans ce cas, on serait ensuite obligé d'effacer sur chaque feuillet les mouillures qui résulteraient de l'application du remède, travail assez compliqué.

Si, au contraire, la tache souille uniquement la superficie de la tranche, on maintiendra le volume bien serré et de telle sorte que la tranche à nettoyer ait une position verticale; puis on appliquera, au pinceau, le liquide nécessaire. La tache enlevée (supposé qu'elle ne soit pas de sa nature indécomposable), il faudra, en certains cas, rétablir la teinte générale de la tranche, raccord peu difficile, à moins qu'elle ne soit habilement marbrée.

Quant aux tranches dorées, l'or étant inattaquable, elles résisteront naturellement à l'action des agents chimiques ; on réussit à en faire disparaître l'encre, sans avoir à raccorder ce fond brillant. La tache cède quelquefois au contact d'une éponge humide. L'encre de Chine elle-même, ce noir indécomposable, est susceptible de s'effacer par ce simple procédé, qui agit par voie d'entrainement.

Supposons maintenant des tranches que ne salissent aucunes taches, mais qu'un fréquent feuilletage a fanées, flétries, décolorées en partie. Il est assez aisé, je le répète, d'en raviver les couleurs, si toutefois elles ne sont pas trop compliquées ; j'ajouterai : et pourvu qu'il n'y ait pas de cahiers ou de feuillets, les uns en retrait, les autres en saillie, par rapport au niveau général ; car, en ce cas, il faudrait commencer par réparer l'endossage, sans disloquer le volume : opération presque impossible. La couleur ravivée, on repolit avec un brunissoir en agate la tranche maintenue bien serrée.

Si une tranche, non plus peinte, mais dorée, a été çà et là endommagée par l'usure, est-il permis d'en raccorder les parties qui ont perdu leurs brillants reflets ? Les raccords parfaits de teintes d'or sont impraticables sur des bordures de tableaux, et, sans doute, il en serait de même à l'égard d'une tranche de livre. La nouvelle couche d'or appliquée sur la lacune contrasterait par la fraîcheur de son poli avec le reste de la surface, et, aux endroits où elle empiéterait nécessairement sur les parties intactes, la surcharge serait visible. Il faudrait sans doute faire redorer l'ensemble par un doreur de profession.

Quand on s'est donné la peine de raviver la couleur des tranches, on peut désirer, pour compléter la réparation, le renouvellement des tranchefiles. Je n'ai jamais eu la patience de façonner une tranchefile, sorte d'ouvrage de passementerie, qui rentre toutefois dans l'état du relieur. Sur cet article, l'amateur aura recours au relieur, ou, s'il veut entreprendre lui-même cette restauration, aux conseils des ouvrages publiés sur la reliure.

Réparation des dorures. — Il s'agit ici
du ravivement, du raccord et du remplacement
partiel des ornements dorés d'un bouquin précieux. Quand, pour le nettoyer, on le frotte,
comme je l'ai indiqué plus haut, avec du savon
en gelée ou de la colle d'amidon, on n'altère
pas la dorure, pourvu qu'elle ait été appliquée
selon les règles ; on la débarrasse, au contraire,
de la couche de crasse qui lui ôtait de son
éclat ; mais si elle a été, sur certains points,
détruite par l'excoriation de la surface du cuir,
il faut, pour la rétablir, commencer par renouveler cette surface. Ici se présente une grande
difficulté : il s'agirait de trouver un mastic
propre à servir de fond (voir ci-dessus, page 21).
A coup sûr on n'obtiendrait aucun service du
gutta-percha, à moins de dorer à froid, puisque l'application à chaud d'un fer à dorer le
liquéfierait. Il n'y a guère que la ressource des
pièces rapportées.

J'ai réussi quelquefois à raccorder assez pro-
prement des fragments effacés de dorures, par le
simple emploi de l'or en coquille, étalé au pinceau sur le cuir préalablement réparé. J'imi-
tais de mon mieux chaque partie de l'orne-

mentation à rétablir. Ce genre de raccord manque de brillant et de solidité ; le frottement d'une éponge humide suffirait à l'effacer ; mais on lui donnerait un peu plus de fixité en y passant du vernis de relieur.

Indiquons des procédés moins imparfaits. Si l'on n'a que des filets, que des segments de cercle à raccorder, on peut soi-même fabriquer son outillage. On se procure de petites lames de laiton, les unes à tranches rectilignes, les autres diversement courbées sur leurs profils, comme des gouges. On a aussi de minces tiges de divers calibres, dont le profil est circulaire ou ovale. Avec ces simples éléments, on raccordera bien des dessins. Le fond convenablement préparé, on applique à chaud ces *fers* (ainsi les nomme-t-on, bien qu'ils soient de cuivre) sur des fragments d'or en feuilles. Les fers doivent être un peu plus chauds que l'eau bouillante ; pas assez, ils ne fixent pas la dorure ; trop, ils brûlent le cuir (1). L'excé-

---

(1) Les doreurs, ai-je lu, portent sur leurs fers un doigt mouillé et reconnaissent, rien qu'au bruissement de l'eau qui se vaporise, si le degré de chaleur est con-

dant d'or, non touché par le *fer*, s'enlève avec un morceau de serge.

S'il s'agissait de restaurer, sur une reliure ancienne des plus précieuses, des ornements très compliqués, on ferait fabriquer quelques fers, d'après les parties bien conservées du modèle. Si l'on se sent assez de patience et d'adresse, on tentera d'en façonner soi-même. On calque au pinceau, avec un vernis de résine ou de cire, les principaux motifs de l'ornementation intacte de la reliure ; on applique ce calque, qui naturellement laisse une empreinte à l'envers, sur un fond de cuivre ; on retouche son dessin avec le même vernis. On enduit, de cette même substance, toutes les autres faces du cube ou cylindre de cuivre, qu'on fait tremper dans un bain d'acide azotique concentré (eau-forte). L'acide, corrodant le métal seulement aux endroits non couverts de l'enduit, permet aux ornements de ressortir en relief à la manière d'un cliché. On pour-

---

venable. Le moyen le plus simple pour un amateur novice, c'est d'essayer son fer sur un fragment de cuir.

rait encore avoir recours au procédé électro-chimique appliqué au clichage.

A l'aide de ce moule, obtenu d'une manière quelconque, il est permis de dignement rétablir les ornements effacés, pourvu que le fond du cuir soit apte à recevoir la feuille d'or.

Notons, en passant, qu'il n'est pas facile aux amateurs novices de coucher cet or, sans le plisser, sur les diverses parties de la reliure : c'est une expérience à acquérir. Ensuite, la pellicule d'or dépassera toujours nécessairement et masquera les places à redorer. Il faut pourtant que le fer tombe juste sur tel ou tel point pour qu'il y ait raccord ; c'est assurément là la plus grande difficulté à surmonter, et l'on aurait plus tôt fait de dorer un plat tout neuf sur toute sa superficie. Peut-être pourrait-on substituer à l'or en feuille une poussière d'or qu'on sèmerait sur le dessin tracé avec l'enduit albumineux destiné à fixer la dorure.

Selon M. Le Normand, quand on dore sur la soie ou le velours, on saupoudre la place où doit être appliqué le fer d'une poudre sèche d'albumine, qu'on rend légèrement visqueuse en y dirigeant son haleine.

On désire quelquefois rectifier un titre défectueux ou une date erronée. Le plus simple est de les faire réimprimer par un doreur sur une peau isolée, qu'on rapporte sur le dos du livre. On peut soi-même entreprendre ce travail, si l'on possède des lettres en cuivre, un composteur et une dose d'adresse suffisante.

Supposons le cas où, sur un titre anciennement doré, et qu'on tient à conserver, il y a une seule lettre ou un seul chiffre à changer. Il s'agit d'abord d'effacer la lettre ou le chiffre à remplacer. On commence par y déposer une goutte d'alcool; puis on l'essuie et l'on entraîne le vernis qui pourrait recouvrir l'or. Si la dorure résiste à un frottement prolongé, on tentera sa décomposition chimique. Je ne conseillerai pas l'emploi de l'eau régale, le dissolvant infaillible de l'or, car il désorganiserait le cuir. Je pense qu'un globule de mercure, maintenu chaud sur la lettre à l'aide d'un fer rouge ou des rayons solaires concentrés par une loupe (1), absorberait les

____

(1) L'application des rayons solaires concentrés à l'échauffement de certaines substances conviendrait, en

parcelles métalliques en s'y amalgamant. Restera une empreinte en creux : comment la faire disparaître? On parviendra, je pense, à faire gonfler le cuir, à l'endroit déprimé, à l'aide d'un jet de vapeur d'eau dirigé sur ce point au moyen d'un tube de verre très effilé.

Cette trace effacée, ou au moins atténuée, on procédera au remplacement de la lettre. Le mieux serait de se procurer un caractère en cuivre du même modèle, et de l'appliquer chaud sur la place vide couverte d'un fragment d'or en feuille ou en poudre. Mais, quand on a affaire à une reliure très ancienne, on ne saurait, le plus souvent, assortir ce caractère. Il faudrait le faire exécuter ou le fabriquer soi-même par le moyen indiqué plus haut à propos des ornements.

---

plusieurs cas, à la réparation des estampes; mais il faut en user avec une précaution extrême, sous peine de brûler à l'instant le papier sur lequel on dirige cette source intense de calorique. Si le soleil est très ardent, on se servira d'une petite lentille, peu convexe, autrement dit d'un foyer assez long. On pourra, à l'aide de plaques métalliques, protéger les environs du point où agit le foyer de la lentille.

J'ai plusieurs fois remplacé, tant bien que mal, le chiffre d'une date erronée au moyen d'or en coquille appliqué au pinceau ; mais, je le répète, ce genre de dorure manque de brillant et de fixité. Du reste, ce raccord n'est que provisoire ; je compte, un jour, refaire ces chiffres par le moyen suivant. Vous avez, sans doute, vu sur nos quais, en vente à bas prix, des lettres ou chiffres de cuivre, incrustés dans des manches de bois, et destinés à marquer le linge ? Voilà notre modèle tout trouvé. On se procure un fragment de cuivre laminé, et, à l'aide d'une petite pince, on en façonne le profil, la tranche, de manière à obtenir, par exemple, un 2. L'épaisseur du métal devra égaler la dimension du plein ; pour former les déliés on amincit au canif. Avec un peu de goût et d'adresse, on a bientôt le chiffre désiré ; on l'incruste dans une sorte de manche de plâtre ou de glaise qu'on laisse sécher et se durcir : on possède un fer à dorer prêt à fonctionner.

REPORT D'ANCIENNES COUVERTURES. — Est-il permis de reporter des couvertures d'ouvrages richement reliés, mais sans valeur, sur le carton d'autres livres, plus précieux par leur texte et dont le millésime s'accorde avec le style de la reliure démontée? Plus d'un de nos bons relieurs répondra par l'affirmative.

Où chercher ces magnifiques habits destinés à parer un livre en haillons, et pourtant d'une grande valeur intrinsèque? Où les vieilles coquettes, je vous prie, trouvent-elles ces belles chevelures factices qui les rajeunissent, du moins entre le front et l'occiput? Sur des têtes de jeunes mais niaises villageoises, qui livrent pour quelques francs une parure naturelle valant plus que leur dot, si les jouvenceaux du pays en savaient apprécier le mérite.

Plus d'un volume a conservé vierge sa splendide reliure originelle, par ce seul motif que le texte en est ennuyeux, insipide. A cette classe appartiennent certains ouvrages de théologie indigeste, « œuvres sacrées, dirait Voltaire, car personne n'y touche », et ces odes courtisanesques, fadasses *rimailleries*, en aristocratiques livrées, adressées à de hauts personnages qui les payent, mais ne les lisent pas. C'est à ces sortes de livres qu'on peut, sans remords, enlever leurs précieuses enveloppes. Toutefois, pour en tirer parti, il est urgent de s'assurer si leurs dimensions, en tous sens, s'accordent avec celles des nouveaux volumes qu'on se propose d'en décorer. Les vieux livres intacts se dépouillent aisément quand on n'a à ménager ni les nervures, ni les gardes, ni le carton. Ce qui exige le plus de temps, c'est l'enlèvement à sec des débris de colle qui adhèrent çà et là au cuir du côté de la chair après la dislocation. On cache, bien entendu, l'ancien titre sous le nouveau, qu'on imprime sur un fragment de peau rapportée.

J'ai revêtu plus d'un in-4° de couvertures en vélin à ornements dorés, provenant de livres du même format. Quand le dos se trouvait trop étroit ou trop large, je remplaçais cette partie, mais alors la couverture se composait de trois pièces. Si le dos était de mesure, j'effaçais l'ancien titre, tracé à l'encre, avec le sel d'oseille, et j'inscrivais le nouveau au même endroit, mais à l'encre de Chine; doré, je le couvrais d'une nouvelle peau, trouvant trop long d'en effacer les lettres par les procédés indiqués plus haut.

Supposons maintenant qu'il s'agit de reporter sur un volume rare, dont on change seulement le carton, la vieille reliure contemporaine qui le revêtait. Si la peau est usée vers les bords, aux coins, et à l'endroit où elle fait l'office de charnière, sa séparation, sans avaries, de l'ancien carton, est assurément une opération très délicate. Pourtant on y réussit, même à sec, avec de la patience et des précautions qu'inspire la pratique. Nos habiles relieurs, pour peu qu'on ne regarde pas au prix, exécutent plus d'un tour de force en ce genre. Seulement, presque toujours, ils sont obligés de renouveler les parties corrodées par l'usure, ainsi que les gardes. Ils revêtent donc çà et là le carton neuf du volume d'une peau mince, bien assortie à la nuance de l'ancienne, y transportent la couverture séculaire encore chargée des riches ornements qui en constituent toute la valeur, et, sur ces portions renouvelées, rétablissent les dorures d'après le modèle qu'ils ont sous les yeux.

Plus d'un relieur a réussi à reporter, avec une merveilleuse habileté, sur un nouveau fond, le splendide habit d'un livre rarissime, sans avoir été dans la nécessité de le recoudre et de le rogner une seconde fois, extrémité toujours fâcheuse. On peut même, à la rigueur, à force de soins, parvenir, sans en disjoindre les cahiers, à nettoyer les feuillets un à un et à en réparer les lacunes et les déchirures ; mais on conçoit que de pareilles restaurations sont une affaire d'argent, et ne doivent s'appliquer qu'à un livre pour ainsi dire inestimable. Je crois même qu'il existe à Paris des relieurs de force à remettre en place un cahier *in-octavo* qui aurait été transposé, sans dérelier le volume et sans laisser subsister la moindre trace de cette opération difficile.

NOTE RELATIVE AUX TACHES DE ROUILLE.

Dans mon *Essai sur l'art de restaurer les estampes, etc.*, j'ai plus d'une fois exprimé mes regrets au sujet de la difficulté de faire disparaitre radicalement les taches ou couleurs qui ont pour principe le peroxyde de fer. Comme une estampe à décolorier contient d'ordinaire plusieurs couleurs à base ferrugineuse, il serait à souhaiter qu'on pût la soustraire à l'action prolongée de l'acide oxalique bouillant, dont j'ai signalé le danger dans la note de la page 74.

Je rappellerai d'abord le conseil que donne M. de Fontenelle pour enlever les traces de peroxyde de fer, autrement dit pour séparer ce métal de l'oxygène qui s'est combiné avec lui en doses plus ou moins fortes : il indique l'emploi d'un *hydrosulfure alcalin*. J'ajouterai ce passage, plus explicite, sur le même sujet, extrait du *Manuel du Relieur*, de M. Séb. Le Normand. *Paris, Roret*, 1831, page 252 : « On enlève les taches de rouille (sur le pa- « pier) en leur appliquant d'abord une solu- « tion de *sulfure alcalin*, qu'on lave bien en- « suite, puis une solution d'acide oxalique. « Dans ce cas, le sulfure enlève au fer une par- « tie de son oxygène et le rend soluble dans « les acides affaiblis. »

M. Le Normand aurait dû, ainsi que M. de Fontenelle, désigner moins vaguement la sub- stance qu'il conseille. Il veut, sans doute, par- ler du protosulfure de potassium. Selon M. Bou- chardat, « une dissolution de ce protosulfure, « exposée à l'air, absorbe peu à peu l'oxy-

« gène. » Mise en contact avec une tache d'oxyde de fer plus ou moins compliqué, se comporterait-elle de la même manière? Ce sulfure, au contraire, n'exercerait-il, ainsi que le protochlorure d'étain, son pouvoir désoxydant qu'à sec, au fond d'un creuset, à une haute température? La réponse à ces questions exigerait des expériences que je n'ai pas le temps de faire, pour en communiquer au lecteur les résultats. Reste aussi à savoir si les sulfures alcalins n'attaquent pas l'encre d'impression, ou le papier. Si l'emploi de la solution de protosulfure de potassium pouvait, en effet, ramener le fer oxydé à l'état métallique, le décoloriage des estampes offrirait une grande difficulté de moins, car, je le répète, la rouille est le principal ingrédient de l'encre à écrire et de plusieurs couleurs très tenaces.

A propos de la décomposition de l'encre *noire* ordinaire (dont je parle à la page 73 et suiv.), j'ai une note à ajouter. J'ai oublié de mentionner les encres, aujourd'hui tout aussi employées, de teintes bleues ou violettes, qui n'ont pas uniquement pour base le gallate de fer. Si les taches produites par ces encres ne cédaient pas à l'acide oxalique, on aurait recours aux remèdes indiqués au sujet des diverses couleurs bleues et violettes. Elles doivent leurs nuances à telle ou telle substance, suivant le procédé de chaque fabricant. J'espère, en tout cas, que le bleu de cobalt, cette couleur tout à fait ineffaçable, n'entre pas dans leur composition.

MOYEN DE FIXER RÉGULIÈREMENT PLUSIEURS ESTAMPES SUR UN MÊME FEUILLET.

Encore un détail oublié dans mon *Essai*; je m'empresse de réparer cette omission. Les collections sont, en général, formées de pièces de toutes dimensions. Les unes, plus grandes que le format adopté, seront repliées; mais beaucoup d'autres, très petites et se rapportant au même objet, devront être fixées sur le même feuillet de soutien.

Disons d'abord que, si l'on tient à ce que le verso de chaque estampe reste apparent, on doit la coller seulement par un de ses bords, soit directement sur le feuillet, soit, s'il n'y a point de marge, par l'intermédiaire d'une bande adhérente d'une part à ce bord, de l'autre au feuillet. N'oublions pas que, quel que soit le nombre de pièces fixées, chacune d'elles doit pendre librement du côté du dos intérieur du portefeuille.

Pour ranger rapidement et avec une parfaite symétrie des estampes sur un fond de soutien, depuis une seule, de grande dimension, jusqu'à douze ou quinze très petites, voici le meilleur procédé à suivre : on se procure du carton de Bristol d'une force convenable et de la grandeur du format de la collection ; on peut, si l'on préfère, le remplacer par une feuille de zinc mince et bien redressée. Sur l'un ou l'autre de ces fonds, on trace à la pointe, en s'aidant d'une règle et d'une équerre, des lignes verticales et horizontales qui se croisent et forment divers compartiments rectilignes ; on découpe ensuite le carton (ou le zinc) nettement, au canif ou aux ciseaux, de manière à y percer une série de vides parfaitement équarris.

Quand il s'agira de ranger sur un feuillet un nombre quelconque de pièces de dimensions variées, on prendra ce patron, cette espèce de grille dont chaque barreau est également espacé, on l'appliquera sur le feuillet de soutien, et l'on tracera au crayon, sur ce feuillet, en suivant le contour des bandes, des lignes qui, si le patron a été taillé avec précision, se croiseront toutes à angle droit. La découpure à jour du patron sera combinée de telle sorte, qu'une des lignes de crayon tombe, en chaque sens, juste au milieu du feuillet. Je supposerai que sur un feuillet de 60 centimètres de hauteur sur 45 de large, il doit y avoir sept lignes de crayon verticales et neuf horizontales.

On conçoit que ce treillis symétrique une fois obtenu, on réussit, à vue d'œil, à placer avec précision et régularité deux, quatre, six estampes ou davantage. Ces pièces, quelle que soit leur grandeur, pourvu qu'elles aient leurs bords coupés d'équerre, rencontreront toujours, dans le voisinage, une ligne droite qui sera un repère pour son placement exact.

C'est le seul moyen de fixer à la gomme plusieurs estampes sur la même feuille, avec célérité et sans tâtonnements. L'exécution du patron exige, il est vrai, des soins et des mesures minutieuses, mais une fois fait, il épargne bien des peines et sert indéfiniment. On peut le comparer à un moule bien façonné, qui permet de reproduire, à l'instant, l'ornement le plus compliqué. J'ajouterai qu'il est bon, si le feuillet de soutien est en papier vergé, que le réseau des lignes au crayon coïncide avec la direction de ses pontuseaux et de ses vergeures ; autrement les raies intérieures et visibles de sa pâte, étant de travers par rapport à la verticale des estampes, produiraient un effet très disgracieux.

NOUVEAU PROCÉDÉ HÉLIOGRAPHIQUE POUR REPRODUIRE LES ESTAMPES.

Le dernier perfectionnement signalé dans mon *Essai*, à propos de la reproduction héliographique des estampes, remonte au 1er mars 1858. Les dernières feuilles de mon livre étaient tirées, quand parut (voir *Le Siècle* du 27 mars) le rapport fait à l'Académie des sciences, par M. Chevreul, d'un nouveau mémoire de M. Niepce. Je vais extraire de ce rapport plusieurs phrases qui contiennent des renseignements neufs, pleins d'intérêt et applicables à la reproduction des estampes par l'action solaire :

« Couvrez d'un cliché photographique sur
« verre (c'est-à-dire à dessin inverse), une
« simple feuille de papier blanc *sortie de l'obs-
« curité*, et exposez le tout aux rayons solai-
« res pendant un temps plus ou moins long,
« suivant l'intensité lumineuse. Traitez ensuite
« par l'azotate d'argent la feuille de papier
« dans l'obscurité ; vous verrez apparaître,
« dans l'espace de très peu de temps, une
« image qu'il suffit de bien laver dans l'eau
« pure pour la fixer. »

Il est ensuite question de « l'impressionna-
« bilité tacite, incomparable, de l'azotate d'u-
« rane. » Le mémoire s'exprime ainsi : « Veut-
« on obtenir une image plus rapide dans son
« développement et plus lumineuse, il suffit
« d'imprégner préalablement la feuille de pa-
« pier d'une solution aqueuse de cette sub-
« stance, douée à un haut degré ... de l'action
« d'emmagasiner la lumière, avec persistance
« de l'activité lumineuse. On obtient cette so-
« lution en traitant l'oxyde d'urane par l'acide
« azotique dilué, ou plus rapidement en fai-
« sant dissoudre dans l'eau des cristaux d'oxyde
« d'urane. La feuille de papier, imprégnée

« d'une quantité suffisante de sel d'urane pour
« revêtir une teinte jaune-paille, est séchée,
« puis gardée dans un lieu obscur. —Lors-
« qu'on veut obtenir des épreuves, on la re-
« couvre d'un cliché préparé d'avance, et on
« l'expose au soleil environ un quart d'heure.
« On la ramène, au bout de ce temps, dans
« l'obscurité, et on la traite par une solution
« d'azotate d'argent. On voit alors apparaître
« instantanément une image positive très vi-
« goureuse, avec la *teinte marron* des épreuves
« ordinaires. »

Il s'agit maintenant de fixer l'épreuve; le
moyen est bien simple : on la trempe dans de
l'eau pure, laquelle « dissout toute la portion
« du sel d'urane qui, abritée par les noirs du
« cliché, n'a pas reçu l'action de la lumière. »
La teinte *marron* n'est pas du goût de tous les
amateurs ; soyez tranquilles, M. Niepce a tout
prévu. Si vous la préférez noire, vous allez être
servis à souhait. Après avoir rincé l'épreuve
dans l'eau pure, « on la traite par le chlorure
d'or du commerce. » M. Niepce, en outre,
nous tient en réserve un autre procédé pour
arriver au même résultat. Il indique aussi

un mode pour obtenir des épreuves d'une teinte *bleue intense*. Passons sur cet article ; le bleu est, à mon avis, une couleur de fantaisie d'un goût un peu équivoque.

Une autre qualité fort précieuse distinguerait les produits dus à cette méthode : les épreuves auraient l'heureuse chance d'être inattaquables aux agents les plus énergiques. Toutefois M. Niepce ajoute, avec autant de modestie que de raison, qu'il faut attendre, avant de conclure sur ce point, « l'action du temps. »

Ces deux mots : *azotate d'urane*, ont pu effaroucher l'amateur peu familiarisé avec le jargon de la nomenclature chimique : qu'il se rassure ; il est libre de remplacer ce sel par un autre beaucoup plus vulgaire et peu coûteux, par le simple acide tartrique que le fond des cuves de nos vignerons offre en quantité sous forme de cristaux. « L'image se développera « encore lorsqu'on traitera le papier insolé par « la solution d'azotate d'argent, mais plus len- « tement, à moins qu'on ne fasse intervenir « l'action de la chaleur de 30 à 40 degrés, « surtout lorsqu'on opère au sel d'or. »

J'ajouterai que, depuis le 27 mars dernier,

je n'ai rien lu de plus à ce sujet ; il est vrai que je ne suis abonné à aucun journal scientifique. Les praticiens, je l'espère, n'auront rien trouvé à objecter à cette théorie ; le fréquent usage des procédés sur lesquels elle s'appuie peut seul confirmer son efficacité et fixer l'opinion des savants sur son véritable mérite.

PROCÉDÉS POUR OBTENIR DES DUPLICATA
DE PAGES MANUSCRITES.

Les banquiers. notaires, hommes de lettres, négociants, etc., qui tiennent à posséder des duplicata de lettres ou de manuscrits envoyés à l'imprimeur, achètent des presses dites à *copier,* à vis ou à cylindre ; ce chapitre a pour but de leur apprendre à s'en passer, et de réduire l'art d'obtenir des doubles à des procédés fort simples. Notons d'abord que, pour réussir, une forte pression est inutile : j'ai doublé plus de deux mille pages couvertes d'une écriture fine, par les moyens que je vais décrire. Le matériel nécessaire est peu compliqué, en voici la liste : un rouleau en bois de frêne ; une ou deux plaques, soit de verre, soit de zinc laminé ; une provision de papier mince non encollé et, autant que possible, d'une pâte bien homogène ; enfin quelques feuilles d'étain ou de fine toile cirée ; mais, à la rigueur, ces derniers accessoires ne sont pas indispensables.

On donnera à l'encre commune, la première venue, noire, bleue, rouge, etc., un certain degré de viscosité, en y faisant dissoudre un morceau de sucre ordinaire. Il en faut si peu, qu'un fragment du poids de six à sept grammes suffirait peut-être à la préparation d'un demi-litre de liquide. Après quelques essais et en procédant par petites quantités, on trouvera le point convenable. On doit en augmenter un peu la dose dans le cas où l'on se proposerait de prendre un double, non pas immédiatement, mais au bout de vingt-quatre heures. Grâce à cette addition, l'encre contracte la vertu de céder à un papier, humide à un certain degré, une partie de sa substance, tout en conservant néanmoins assez de vigueur pour que l'original reste parfaitement lisible après avoir fourni une empreinte.

L'écriture se reproduit de toute nécessité à l'envers, sur le papier à doubler; en conséquence, plus ce papier sera fin et diaphane, plus il sera facile de distinguer les caractères sur la face opposée. Du reste, un imprimeur à qui on livrerait ces doubles lirait très bien, par habitude, le texte, sur la surface où il apparaît en sens inverse. On réussirait soi-même à le lire dans le même sens; au besoin, on le redresserait en le plaçant devant un miroir.

Tel est donc, au résumé, le mécanisme de la duplication d'une page : 1° Écrire avec une encre légèrement visqueuse ; 2° y appliquer un papier fin et humide ; 3° presser, avec une force modérée mais égale, sur les deux feuilles superposées. Parlons maintenant des soins à prendre pour être sûr du succès.

Afin de simplifier la question, nous supposerons une page à l'état de placard, autrement dit une feuille couverte de lignes d'un seul côté. Le papier qui reçoit le texte doit être lisse et bien encollé. S'il était tant soit peu absorbant, l'encre sucrée le pénétrerait en partie, et le dédoublage serait impraticable, à moins peut-être qu'on n'y ait mis un excès de sucre ; mais cet excès, rendant le liquide trop épais, l'empêcherait de couler et de s'étendre aisément sous la plume.

Une page écrite, on en pose le verso, soit immédiatement, soit quelques heures plus tard, sur un fond uni et assez élastique, par exemple sur une main de papier buvard. Il s'agit ensuite d'obtenir une empreinte de l'écrit sur une feuille de papier fin, non encollé et *humecté au degré convenable*. Cette dernière condition est le point essentiel, mais elle est assez difficile à remplir pour les novices ; j'indiquerai un moyen infaillible pour réussir.

Sur le marbre d'une cheminée ou d'une commode, ou encore sur une vitre, une plaque de zinc. d'étain, etc., on étend un morceau de toile préalablement trempé et légèrement tordu, de sorte que l'eau n'en ruisselle pas. On aligne sur cette toile une pile de douze feuillets de papier à prendre des doubles, et l'on recouvre le tout d'un second linge qu'on mouille, en s'y prenant comme il suit : on l'applique sur une plaque, de verre ou de métal, qu'il déborde en tous sens ; on en rabat, du côté opposé, les bords excédants : puis on recouvre la pile avec cette toile ainsi tendue et susceptible de recevoir, au besoin, une nouvelle dose d'humidité, à l'aide d'une éponge imbibée d'eau. On chargera la plaque d'un poids quelconque, si l'on tient à accélérer le mouillage du papier. Appréhende-t-on un excès d'humectation ? On laisse sécher un peu la toile tendue sur plaque avant de la poser, ou encore on ajoute à la pile deux ou trois feuillets secs. Au bout de quelques jours de pratique, chacun saura régler l'opération selon ses projets. Du reste, eût-on la meilleure presse sous la main, on ne serait nullement dispensé d'acquérir cette expérience. On comprend que, pour préparer un grand nombre de feuillets, il suffit de mouiller plus fortement les deux toiles.

Au bout d'une heure environ, tous les feuillets superposés seront également imbibés. Leur surface devra offrir des ondulations, des rides, des sortes de *vagues* régulières. Cette apparence résulte de la dilatation du papier contrariée par une légère pression. Avec un peu d'habitude, on sera bientôt à même de juger si le papier est mouillé à point, rien qu'à l'aspect de ces rides, que le passage du rouleau fera disparaître. En cet état, le papier à prendre des doubles peut servir, soit sur-le-champ, soit quatre, huit, douze heures plus tard, selon la saison et surtout l'état hygrométrique de l'atmosphère. Toutefois, il est évident que plus l'encre est fraîche, moins le papier exige d'humidité, et *vice versâ*. L'hiver, une pile de feuillets conservés dans une cham-

bre sans feu, garde un degré convenable de
moiteur pendant plusieurs jours, tant l'humidité est lente à se dissiper, par cette raison
que les tranches du papier sont les seules parties en contact avec l'air et exposées à l'éva-
poration.

Revenons à l'opération. L'original, écrit
d'un seul côté, étant posé sur un fond élastique, on prend le premier feuillet de la pile,
sur laquelle on replace aussitôt la toile mouil-
lée. Ce feuillet, d'une dimension un peu plus
large que celle du manuscrit, doit y être légèrement superposé; on le recouvre, à son
tour, d'une feuille sèche, souple et imperméable, d'étain, de toile cirée, etc., puis, sur le
tout, on fait glisser vivement et l'on ramène à
soi le rouleau (dont la longueur dépassera un
peu la largeur des feuillets), ayant soin d'appuyer, avec un effort uniforme, sur les deux
poignées latérales. Alors tout est fini; on n'a
plus qu'à séparer l'original de la copie et à les
laisser sécher l'un et l'autre à l'air libre.

J'ai parlé d'un seul placard; si l'on en a à
imprimer douze, le même coup de rouleau
suffira. Sur la première couple, on superpose

les onze autres disposées dans le même ordre. Il n'est même pas urgent d'interposer entre chaque couple une feuille imperméable, dont le rôle a pour unique but d'empêcher le verso du feuillet original de retenir une faible empreinte des lignes de celui qui le précède. Quant à moi, ennemi des complications, je me borne à couvrir le dernier feuillet de la pile (qui est un papier humide) d'une toile cirée. Le coup de rouleau donné, j'isole chaque couple, et environ une demi-heure après tout est sec.

Si l'on possédait un papier à prendre les doubles d'une finesse, d'une transparence exceptionnelles, on parviendrait, en posant deux feuillets humides sur l'écriture, à obtenir du même coup une seconde empreinte; mais ce triple, à moins que l'encre ne fût très colorée et suffisamment visqueuse, offrirait des caractères pâles et à peine distincts. On peut aussi opérer d'une autre manière : tirer deux épreuves successives de l'original; en ce cas, le papier destiné à recevoir la première empreinte doit être peu humide. Mais je dissuade l'amateur d'ambitionner des triples, vu que presque toujours ils manquent, du moins sur certains points, de netteté et de vigueur.

Plusieurs tours de rouleau successifs ne produisent souvent d'autre effet que de rendre confuses, en en doublant les traits, les lettres de l'original : ce qui arrive pour peu que les couples se dérangent sous la pression exercée. Un seul tour fournira une empreinte satisfaisante, s'il est donné avec un effort bien régulier. Quand on appuie plus sur une poignée que sur l'autre, l'impression n'est pas uniforme sur chaque point. Une bonne presse offre, en ce cas, une garantie de succès; toutefois, avec un peu de pratique, on arrive, à l'aide d'un simple rouleau, au même résultat. Pour le manœuvrer avec fermeté et régularité, il faut que son calibre permette aux mains, repliées autour de ses poignées, d'opérer sans obstacle. Dans le cas où le faible diamètre du cylindre s'opposerait à la liberté des mouvements, on placerait tout l'appareil, original, papier humide, etc., sur une sorte de caisse ou plate-forme d'une dimension telle, dans le sens de la largeur, que les poignées du rouleau (ou ses extrémités, s'il n'y a point de poignées) débordassent, à droite et à gauche, de manière à offrir de la prise et à permettre de peser uniformément. En règle générale, qu'on se serve ou non de cet accessoire, le fond sur lequel on promène le rouleau doit être assez bas pour qu'on ait la faculté d'opérer à bras tendus. Si la table qu'on a à sa disposition était trop élevée, on s'exhausserait soi-même à l'aide d'un tabouret ou de toute autre manière.

Ces observations s'adressent à ceux qui tiennent à une certaine perfection ; mais quand on n'a d'autre but que celui d'obtenir un double, utile à consulter seulement, en cas de perte de l'original (accident très rare), on peut y mettre moins de cérémonie. Pour moi, j'ai souvent négligé la plupart des précautions recommandées ci-dessus. Je prenais une feuille humectée au point convenable (condition essentielle, je ne saurais trop le répéter); je l'étendais sur ma page, écrite depuis un espace de temps plus ou moins court, et j'y passais immédiatement un rouleau, quelquefois même un simple fragment de bâton à peine cylindrique, voire une bouteille, et j'obtenais des résultats à peu près satisfaisants. Mon papier à doubles était, au besoin, un vulgaire papier joseph qui avait servi d'enveloppe à des bougies. Je ne plaçais jamais de feuillet imperméable sur le papier humide, lequel s'enroulait autour de mon cylindre; je l'en détachais, et tout était dit.

L'habitude est une puissance singulière! Un nageur exercé violera impunément une partie des règles de l'art de la natation et, néanmoins, réussira à se soutenir sur l'eau. Par cette même raison, j'ai souvent obtenu d'excellents doubles avec des matériaux grossiers et par des procédés fort imparfaits. Il y a quinze ans que j'ai renoncé à la presse dite de Watt; mais, tout en la mettant de côté, je n'en honore pas moins le nom célèbre qui s'y rattache. C'est une invention assurément ingénieuse que celle qui part d'un principe si simple : dédoubler l'encre d'un manuscrit au moyen d'un peu de sucre qu'on y mêle. Quant à la presse, elle n'a rien de neuf en elle-même, et je crois avoir prouvé qu'on peut aisément s'en passer.

La question n'est pas épuisée. On peut désirer prendre le double d'un feuillet écrit des deux côtés; raisonnons en ce sens. Le point difficile n'est pas de tirer les doubles, mais bien de parvenir à écrire au verso, sans que le recto, déjà couvert de lignes, en éprouve de dommage. Sur quel fond appuyer ce côté chargé d'une encre visqueuse? Sur un papier buvard? ce papier, bien que sec, en retiendrait une partie. Sur un fond imperméable? les caractères y resteraient en partie adhérents, et seraient écachés rien que par l'effet de la pression de la main qui écrit. Je ne connais qu'un moyen : dédoubler de suite la première page, laisser sécher l'original (c'est l'affaire de quelques minutes au soleil); puis écrire au verso et recommencer l'opération. Si l'on a des feuilles humides d'une assez grande dimension, on prendra, du même coup de rouleau, l'empreinte de la seconde et de la troisième page.

Je signalerai ici une encre violette, dite communicative, de la fabrique de M. Leblé jeune, à Cany (Seine-Inférieure), dont il y a des dépôts chez plusieurs papetiers de Paris. Elle n'est ni sucrée, ni visqueuse; elle sèche aussi vite que l'encre ordinaire, et néanmoins conserve, pendant environ huit heures (et même davantage, si l'on met le manuscrit à l'abri de l'air et de la lumière), la propriété de déposer une empreinte sur du papier fin non encollé et humecté par le procédé indiqué plus haut. Je suppose qu'il entre dans la composition de cette encre une substance déliquescente susceptible, avant son absorption complète dans la pâte du papier, de redevenir fluide sous l'influence de l'humidité. Cette encre, vu ses propriétés, se prêterait parfaitement au dédoublage simultané de deux pages adossées.

Quelques mots sur les pages manuscrites dont on désire avoir l'empreinte, non plus sur des feuilles volantes, mais sur un registre. Ce registre sera formé du papier fin et non encollé dont j'ai parlé plus haut. On en humecte les feuillets, quel qu'en soit le nombre, en les plaçant entre deux linges, plus ou moins humides, selon la quantité, et isolés des cahiers contigus au moyen de feuilles d'étain. Les pages écrites intercalées, on ferme le registre et l'on passe le rouleau sur la couverture, à moins qu'on ne possède une presse à vis.

Supposons maintenant qu'on ait tracé avec l'encre de M. Leblé une lettre de deux feuillets, écrits au recto et au verso. Dans cette condition, veut-on obtenir, sur le registre, le dédoublement simultané des quatre pages? L'opération est praticable. Après avoir isolé avec une feuille d'étain deux des feuillets du registre préalablement mouillés, on glisse le tout dans le pli de la lettre. Mais on conçoit que, de quelque façon qu'on s'y prenne, l'ordre naturel des pages sera interverti.

On a imaginé plusieurs autres systèmes désignés sous différents noms, d'origine plus ou moins grecque, pour obtenir facilement une ou plusieurs épreuves d'un texte manuscrit. J'ai essayé, notamment, il y a douze ou quinze ans, d'une encre visqueuse, qui déposait sur une toile cirée l'empreinte renversée de mon manuscrit. Cette toile jouait un rôle assez analogue à celui d'une pierre lithographique. On y appliquait une feuille humide qui, sous la pression d'un cylindre, prenait l'empreinte redressée des caractères; on possédait un double. L'épreuve enlevée, la toile cirée retenait des traces de chaque ligne; on

semait sur ces traces une poudre grise et sèche,
qui, entre autres ingrédients, contenait de
l'acide gallique. Cette poudre y adhérait, et
comme elle avait la vertu, vu sa déliquescence,
de se changer en un liquide noir, quand elle
était exposée à la vapeur aqueuse ou simplement à l'haleine de l'opérateur, l'empreinte
des lignes, déposée sur la toile cirée, se char-
geait d'une nouvelle couche d'encre artificiel-
lement formée. Puis on recommençait indéfiniment et *toujours avec succès*, à en croire le
prospectus.

Par malheur, cette poudre, qui coûtait fort
cher, s'altérait dans le flacon, pour peu qu'il
fût mal bouché ou exposé trop longtemps à
l'air humide ; bref, elle perdait son état pul-
vérulent, elle s'agglutinait ; une partie restait
attachée à la surface de la toile, en dehors des
limites du texte. On avait, il est vrai, un blaireau doux pour balayer le superflu ; néanmoins
une partie notable résistait opiniâtrément à
l'action du blaireau, se liquéfiait et faisait
tache ; la troisième épreuve était déjà bavo-
chée, et ce défaut croissait à chaque nouveau
tirage. En définitive, l'invention, tout ingé-

nieuse qu'elle fût, n'eut pas de succès, que je sache, en raison de ces inconvénients.

Je citerai encore le moyen suivant pour obtenir à sec le *duplicatum* d'un écrit ou d'un dessin. La plume ou le crayon dont on se sert exige comme première condition une assez grande dureté. Le papier sur lequel on trace les caractères doit être peu épais; il est posé sur une autre feuille dont le verso porte un enduit gras, soit noir, soit de toute autre couleur. Cet enduit, sous la pression de la plume ou du crayon dur, se décharge sur un feuillet placé dessous. Tout le monde connaît ce papier à décalquer dont on se sert pour prendre l'empreinte d'un timbre. Lorsqu'il s'agit d'avoir le double d'un dessin, on le remplace le plus souvent par un papier couvert d'une simple couche de plombagine.

L'inconvénient du système est de fatiguer la main quand il est question d'écrire de suite une douzaine de pages, et de revenir cher, vu que le papier à timbres n'est pas d'un long service. Ceux qui vendent sous divers noms cet appareil, connu depuis fort longtemps, vous prouvent aisément qu'on peut obtenir

jusqu'à trois ou quatre copies du même coup ;
seulement ils oublient d'ajouter qu'à ce métier
un homme de lettres, d'une certaine fécondité,
gagnerait bientôt un effort au poignet.

Demanderons-nous à la photographie un
nouveau mode de duplication d'un manuscrit ?
On peut répondre : il est tout trouvé. Placez une
page écrite depuis une heure, depuis un siècle
si vous voulez, sous le regard de l'objectif d'une
chambre noire : vous obtiendrez, à l'aide d'un
papier rendu sensible à la lumière par un sel
d'argent, une copie renversée, de la grandeur
désirée, véritable cliché, générateur du nombre de copies que vous souhaiterez.

Je pourrais signaler ici plusieurs autres
systèmes qui dispenseraient de l'emploi d'une
chambre noire ; mais à quoi bon ? Toutes ces
opérations exigent tant de soins, qu'on aurait
bien plus tôt fait, quand on n'a besoin que d'un
double, de recopier l'original. D'ailleurs les
feuilles préparées au sel d'argent sont d'un
prix assez élevé, et l'on en gâte beaucoup quand
on n'est pas bien exercé. Il ne faut donc pas
songer à la photographie, du moins à cette
heure. M. Niepce de Saint-Victor, qui chaque

mois découvre quelque nouvelle propriété de la lumière, nous viendra peut-être en aide pour arriver au résultat désiré. La puissance électrique pourrait bien aussi devenir la base d'un nouveau système.

Le soleil, depuis l'époque où il s'est mêlé de donner un coup de main à l'industrie humaine, n'a pas fait les choses à demi : il s'est montré d'une générosité presque sans bornes. Si un jour, grâce à quelque procédé ingénieux, on lui imposait le rôle de secrétaire, on en obtiendrait, c'est probable, plus qu'on ne cherche. D'abord il n'exigerait pas, je suppose, que l'écriture du manuscrit fût fraîchement tracée ; il en accepterait la date, quelle qu'elle fût, et sans aucun doute, ne la reproduirait pas dans la limite d'une seule copie, mais la multiplierait à un nombre indéfini d'exemplaires.

Toutefois, qu'on ne s'imagine pas que la découverte de Gutenberg risquerait d'être compromise. Comme le jour où elle apparut au monde, elle resterait toujours neuve et sans rivale. Sous peu d'années, la lumière (secondée peut-être par l'électricité) nous procurera des *fac-simile* de nos vieux livres ; mais elle les reproduira tels que les auront créés les presses de telle ou telle époque ; fidèle miroir, elle ne dissimulera aucune de leurs naïves imperfections. Tout ouvrage qui veut renaître plus parfait, relève de l'invention des caractères mobiles, la seule qui retrace les idées humaines mot par mot, lettre par lettre ; qui permette les heureuses substitutions, les transpositions, les corrections du style ; qui fournisse au génie la puissance de donner à l'univers son dernier mot. Quand donc on désirera multiplier un écrit non plus par deux, mais par cent ou par mille, le plus simple sera de recourir à l'imprimerie, que rien ne remplace : car la mobilité des caractères est l'âme de cette sublime invention. La lithographie ne doit pas lui être comparée, puisqu'elle exige un manuscrit immuable, fixé sans appel, sous peine de grossières ratures. Ajoutons que l'ensemble des mots et des lettres est dépourvu en général de cette uniformité qui rend si facile la lecture d'une page imprimée.

On a imaginé des systèmes autographiques plus ou moins analogues à la lithographie, qui permettent à chacun de multiplier soi-même, sur zinc, ses manuscrits, sans l'embarras de lourdes pierres, d'une presse et d'une longue opération de repolissage. Mais à l'homme de lettres ou d'affaires, préoccupé de mille combinaisons d'idées, la manipulation d'un appareil matériel quelconque finit toujours par paraître trop compliqué. Il préférera s'adresser au lithographe ou à l'imprimeur.

En résumé, je réduis à trois classes le mode convenable de la reproduction d'un écrit. Aspire-t-on à l'avantage de retrouver, en cas de perte, son texte original? Un double suffit; on se le procure par un moyen des plus simples : l'encre sucrée ou déliquescente. Veut-on le multiplier à petit nombre pour le communiquer à quelques amis? On a recours au décalque sur zinc, au procédé Raguencau, ou, si l'on redoute l'embarras de l'encre d'impression et du nettoyage des plaques, on s'adresse à un lithographe, qui décalquera le texte sur pierre ou sur métal, selon la nature de l'encre employée, et le multipliera à souhait. Enfin, a-t-on l'intention de donner à un manuscrit une grande publicité? Il n'existe en ce

cas qu'un digne interprète de la pensée, le
seul capable d'en perfectionner l'expression
selon les limites de la capacité de l'auteur :
l'imprimerie. Il est à regretter que la presse
typographique ne soit pas abordable à toutes
les bourses ; c'est un obstacle qui a sans doute
causé la perte de plus d'un ouvrage, dont la
publication eût tourné, sous un point de vue
quelconque, au profit de l'humanité.

J'ai souvent dirigé mes idées vers la solution de ce problème : susciter à l'imprimerie
une rivale moins exigeante, plus à la portée
des modiques fortunes ; mais l'invention de
Gutenberg est si simple dans sa grandeur,
que c'est folie de vouloir lui faire concurrence.
Voici le moins impraticable des systèmes que
j'avais imaginés : diviser une pierre lithographique en une trentaine de bandes étroites,
mobiles, destinées à recevoir chacune une ligne. On les rangerait dans un châssis analogue à ceux où les imprimeurs encadrent leurs
pages composées. On pourrait ainsi, dans le
cours d'une page, remplacer ou transposer,
non pas une lettre ou un mot, mais des lignes
entières. Une telle disposition offrirait assuré-

ment un certain avantage; mais je me suis refroidi en songeant aux frais que cette complication ajouterait au prix courant de la lithographie. J'ai donc continué à m'incliner, comme par le passé, devant l'inimitable résultat de l'emploi des caractères mobiles, et j'ai inhumé sans regrets mon idée, encore à l'état d'embryon. Que la terre lui soit légère !

FIN.

ERRATA

*De l'*Essai sur l'art de restaurer les estampes, *etc.*

Page 40, ligne 12. Ne s'oppose pas à celle, *lisez* : Ne
s'oppose pas à l'action.

Page 52, ligne 22. Qui se vend, *lisez* : Qui se ven-
dait en 1846.

Page 88, lignes 8 et 9. Page 28, *lisez* : Page 74.

Page 185, 3ᵉ ligne de la note. *Après* : Prise en gelée,
ajoutez : Surtout si l'on couvre
le vase d'une cloche de verre.

Page 221, ligne 5. Centimètres, *lisez* : Millimètres.

Page 275, ligne 15. Sans nom d'auteur, *lisez* : Par
Gabriel Peignot.

67. — Paris, imprimerie de Ch. Jouaust, rue Saint-Honoré, 338.

www.ingramcontent.com/pod-product-compliance
Ingram Content Group UK Ltd.
Pitfield, Milton Keynes, MK11 3LW, UK
UKHW031815170726
13836UKWH00003B/1417